U0344856

阳曲县农业气候区划

主　编　胡建军
副主编　李玉峰　马秀兰　赵林香

气象出版社
China Meteorological Press

内 容 简 介

　　本书介绍了山西省阳曲县的自然地理及农业基本概况,在分析阳曲县气候资源、主要灾害性天气、不同农作物生育的气候条件基础上,将阳曲县划分为半干旱区、微湿润区和丰湿润区三个农业气候分区,并介绍了阳曲县气候资源的利用现状及开发、利用途径,旨在为阳曲县合理配置农业生产、改进耕作制度、引进新品种及重大农业技术决策提供依据。

　　本书可供从事农业、气象、环境资源开发利用及其发展规划等方面的生产、科研及管理人员参考,也可供政府部门决策时参阅。

图书在版编目(CIP)数据

　　阳曲县农业气候区划/胡建军主编.—北京:气象出版社,2014.4
　　ISBN 978-7-5029-5902-9

　　Ⅰ.①阳… Ⅱ.①胡… Ⅲ.①农业区划—气候区划—阳曲县 Ⅳ.①S162.222.54

　　中国版本图书馆 CIP 数据核字(2014)第 051659 号

出版发行:气象出版社
地 　址:北京市海淀区中关村南大街 46 号　　邮政编码:100081
网 　址:http://www.cmp.cma.gov.cn　　E-mail:qxcbs@cma.gov.cn
电 　话:总编室 010-68407112,发行部 010-68409198
责任编辑:崔晓军　　　　　　　　　　终　审:章澄昌
封面设计:博雅思企划　　　　　　　　责任技编:吴庭芳
印 刷 者:北京京华虎彩印刷有限公司
开 　本:787 mm×1 092 mm　1/32　　印　张:2.3125
字 　数:53 千字
版 　次:2014 年 4 月第 1 版　　　　　印　次:2014 年 4 月第 1 次印刷
定 　价:12.00 元

《阳曲县农业气候区划》
编委会

主　编　胡建军

副主编　李玉峰　马秀兰　赵林香

编　委　刘圆渊　薛平只　李莉莉

　　　　张俊文　任江平

前　言

气象工作的根本宗旨是为社会主义现代化建设和保护人民生命财产安全做好气象服务。具体来讲，是为当地生产与发展服务。阳曲县是一个农业小县，虽然面积只有 $2\,070.67\ \text{km}^2$，但山地、平原之间的气象条件差距较大，不同区域适合种植的农作物不同，选取适合的农作物可以达到优质高产。

气象工作要为农业生产、经济发展提供气候信息资源，是另一个意义上的"开源节流"。

所谓"开源"就是充分利用阳曲县的自然气候，让其发挥天时、地利作用，不同时期、不同季节，使风、雪、雨、霜这些自然现象变成自然资源，向大自然要条件，向大自然要效益。天时、地利、人和全都齐备，就不愁办不成事。

关于"节流"就是将自然灾害的损失降到最低程度。做到防患于未然，需要提供及时准确的气象信息，还需要掌握现阶段存在的隐患，并不断进行消除。

我们要把气象工作当作经济工作的一个分支，要将气象工作与阳曲县的农业生产、经济发展紧密联系起来,发挥气象工作在国民经济中的作用,为人们认识自然、利用自然、改造自然提供必要的信息。

气象工作者,能为阳曲县 11 万老百姓做点什么?于是,我们决定试着将多年积累的一些气象资料归纳整理成书。

我们的初衷是将这些气象信息服务于农业生产、经济发展,将自然灾害对阳曲人民的伤害尽可能降到最小。能为阳曲百姓生产与生活提供一些便利,起到抛砖引玉的作用,也就算实现了此书写作的意义。

需要说明的是,尽管作者竭尽可能让信息完整、准确,但由于水平有限,却未能达到很好指导生产与生活的目的。因此,欢迎听到专家与读者各种不同的批评意见,相信通过不断学习和提高,一定能更清晰地认识大自然给我们生产与生活带来的便利与不便之处。

编 者
2013 年 11 月

目　录

第1章 阳曲县自然地理及农业基本概况

1.1 历史沿革

阳曲县政区古今变化较大,据考,春秋时,在今大盂镇一带始建有盂县。战国至隋唐五代千余年中,境内政权时置时省,屡易治地,今大盂镇、黄寨镇、东黄水镇、凌井店乡、北小店乡先后建立过盂、狼孟、汾阳、阳直、抚城、乌河、燕然、洛阴、阳曲等县政权。北宋太平兴国七年(982年),阳曲县治所移至太原城西郭外,为郭下县,史称"晋阳首邑"。此后,境内县级建制基本稳定。元、明、清三朝,阳曲县均为省(路)、府治所在地,为当时山西政治、经济和文化活动中心。民国前期,阳曲县为山西省会,一等县。抗日战争、解放战争时期,阳曲县境内曾一度建立东阳曲、西阳曲、盂(县)阳(曲)等民主县政权。1948年秋,东、西阳曲县民主政府合并,成立阳曲县人民政府。太原市政府成立后,随太原市政区变化,阳曲县境域逐步缩减,至1958年后确定为现域。

1.2 环境风貌

阳曲县地处忻定、晋中盆地之间,山多川少,沟壑纵横,东、西、北三面环山,南部偏低,有海拔1 000 m以上的山峰110座,最高山峰柳林尖山海拔2 101.9 m,中部平川海拔800~900 m。境内有杨兴、泥屯等9条河流。总面积2 070.67 km²,其中山区占54.37%,丘陵占34.96%,平川占10.67%。境内属暖温带大陆性季风气候,四季分明,年平均气温平川8~9 ℃,山区5~7 ℃,年平均降水量421.9 mm,无霜期147 d左右。境北舟山系横亘东西、云中山系纵贯南北,历来为太原北屏障,号称太原之北大门,为兵家必争之地。属太原市的郊区县,南距省城太原17 km,北接忻州市、定襄县,东连阳泉的盂县、晋中的寿阳县,西与静乐县和太原的古交市接壤,南靠太原的草坪区、万柏林区、杏花岭区。辖有黄寨、大盂、泥屯、东黄水4镇,侯村、高村、凌井店、杨兴、西凌井、北小店6乡。阳曲县地理坐标为东经

112°12′～113°09′,北纬 37°56′～38°09′。南北长
54 km,东西宽 82 km。东西两端为石山区和土石山
区,中部为盆地,海拔在 800～2 000 m 之间,全境东、
西、北三面较高,南面低平,西山地区为小云系,东山
地区为舟山系。

1.3 河流分布情况

阳曲县境内共有汾河、滹沱河等二级以上支流 9
条,全长 244.8 km,控制流域面积 2 025 km²,分属黄
河、海河两大流域。以北小店的轿顶山、岔上的文昌
山、杨兴的水头、东黄水两岭山的东岭一线为界,以南
以西为汾河流域,属黄河水系,以北以东为滹沱河流
域,属海河水系。黄河流域有杨兴河、中社河、泥屯
河、凌井河、柳林河 5 条河流,流域面积 1 401 km²;海
河流域有乌河、温川河、权庄河、箭杆河 4 条河流,流
域面积 624 km²。9 条河流全部外流,清水流量极小,
仅有箭杆河、权庄河、泥屯河、杨兴河等有少量清水。
20 世纪 70 年代全县清水流量总量为 0.162 7 m³/s,
当时能利用的只有 30%。近年清水流量因干旱已锐
减,估计不足原有的一半。

境内有一些汾河支流,如杨兴河、权庄河、泥屯河、凌井河等从东、西、北向西南流去,这些河均系季节性河流,平时很少有水,遇雨即成溪。

1.4　农林情况

全县有 10 个乡(镇),124 个行政村,360 个自然村,境内地形复杂,人口的地域分布极不平衡(表1.1)。地处中部盆地的黄寨镇人口最多且密度最大,2010 年总人口为 18 708 人,人口密度为 183.4 人/km^2;而地处西部山区的北小店乡人口最少,仅有 2 987 人,西凌井乡人口密度最小,仅为 9.92 人/km^2。

阳曲县地域广阔,气候温和。境内人民历来以农为主。主要农作物有谷子、玉米、葵花、高粱、薯类、油料等,其次是莜麦等。部分土特产品闻名遐迩,泥屯镇北马掌川、陆家山所产“东方亮”小米,曾为清宫贡品,至今仍为人们走亲访友之礼品;大盂镇金家岗所产金软黍黄米,曾获山西省优质奖章;南、北两山丘陵地区的干鲜果品颇有名气,泥屯镇中兵村的酥梨获省优产品;侯村乡的国光苹果、伙路坪关山的花椒,均驰

表 1.1 阳曲县乡镇人口表（2010 年）

乡镇及村委	农户数	人口数	乡镇及村委	农户数	人口数	乡镇及村委	农户数	人口数	乡镇及村委	农户数	人口数
黄寨镇	7 174	18 708	**泥屯镇**	8 381	21 204				**东黄水镇**	4 683	13 362
黄寨	1 468	3 014	思西	1 021	2 825	岔上	362	877	东黄水	1 069	2 634
官地珠	342	905	归朝	452	1 173	石家庄	223	547	故县	657	1 727
柏井	510	1 617	白家社	174	466	耀子	100	254	西殿	250	680
小牛站	276	759	伽东	344	845	赤泥社	84	220	洛阴	390	1 203
城晋驿	443	1 269	泥屯	962	1 987	龙泉	206	524	盘威	276	767
莎沟	134	416	代庄	304	766	权庄	113	287	水泉沟	320	886
小屯	246	847	中兵	322	739				河上咀	434	1 388
大屯	335	889	东青善	602	1 448	**杨兴乡**	1 750	5 140	马驼	120	298
北郑	723	1 841	西青善	195	537	水头	220	601	范庄	231	664
南郑	159	489	芦家河	144	469	杨兴	435	1 070	大汉	305	925
中社	524	1 169	阳坡	154	402	坪里	211	673	吉家岗	223	684
北塔地	431	1 103	苏村	367	976				红沟	408	1 506

乡镇及村委	农户数	人口数	乡镇及村委	农户数	人口数	乡镇及村委	农户数	人口数	乡镇及村委	农户数	人口数
南留南	392	1 162	付家尧	317	976	鄙都	177	698			
北留	377	1 017	杨家井	352	927	石槽	238	743			
宋庄	259	779	张家庄	261	589	温川	167	494			
大直峪	234	528	松树	738	1 923	杨家掌	111	287			
录古咀	321	904	南路	584	1 447	贾庄	191	574			
大孟镇	4 578	12 545	高村乡	3 730	11 254	侯村乡	5 113	14 443	凌井店乡	3 015	10 058
大孟	936	2 148	高村	1 012	3 026	侯村	656	1 837	东郭漱	314	1 109
南高庄	421	1 132	辛庄	650	2 132	赵庄	409	1 058	西郭漱	230	724
上原	331	1 027	王文岭	57	163	石城	244	839	大方山	368	1 278
沙河	309	883	北白	540	1 580	桥沟	418	1 047	湾里	225	785
景庄	285	860	南白	384	1 105	青龙	735	1 963	后街	211	761
李家沟	437	1 282	西兴庄	158	547	西庄	212	650	凌井店	350	1 199
大泉沟	743	1 830	河庄	201	645	西黄水	555	1 639	西头	175	588
棘针沟	192	539	北社	263	686	尧子尚	287	939	嵩子坡	128	410

续表

乡镇及村委	农户数	人口数	乡镇及村委	农户数	人口数	乡镇及村委	农户数	人口数	乡镇及村委	农户数	人口数
东南洼	236	708	西南旅	265	750	张坡	222	614	坡里	103	322
金家岗	237	704	马坡	200	620	洛阳	194	500	汉湖	296	980
北家庄	305	876				西万寿	279	735	尧沟	155	454
移动新村	146	556	北小店乡	937	2 987	黄道沟	202	567	河村	307	943
西凌井乡	1 318	3 124	北小店	252	826	小岗头	234	630	安塘	153	505
西凌井	538	1 360	大卜	132	365	店子底	216	664			
西庄	172	442	神堂沟	74	238	上阳寨	250	761			
韩庄	175	434	海子湾	185	613						
官庄	153	321	箭杆	78	221						
岭底	158	312	六固	86	304						
伙路坪	60	125	扫峪	130	420						
卵上	62	130									

名三晋,被评为省、部级优质产品。"十五"期间又引进建设了旭美薯业、汉波食品、名流配餐食品加工、顺天制药、阿牛乳业、小福星玉米油加工等一批农业龙头企业,建成了润丰园、维纳园、蒲丰园、宏明、六味斋等农业种植养殖示范园区。

全县耕地面积 39.7 万亩*,1996 年划定基本农田 33.4 万亩,其中:一级保护农田 2 659.5 亩,沟川地 20 581 亩,水浇地 3 271.8 亩,河滩地 4 157.6 亩;二级保护梯田 79 581 亩,旱平地 104 513.3 亩,坡地 117 545.8 亩,旱耕地 1 854.4 亩。

全县中低产田面积 39.3 万亩,占耕地总面积的99%。按中低产田类型划分:干旱灌溉型 66 889.7亩,占 17%;瘠薄培肥型 200 669.2 亩,占 51%;坡改梯型 94 432.5 亩,占 24%;障碍层次型 31 477.5 亩,占 8%。全县农作物播种面积 42 万亩,2008 年粮食总产量达到 1 亿 kg。粮食作物主要有玉米、高粱、谷子、豆类、小杂粮等,其中:玉米面积 23.8 万亩、谷子6.57 万亩、豆类 2.23 万亩、杂粮 1.4 万亩;油料作物主要以向日葵为主,约 9 690 亩;另有薯类作物2.1 万亩。耕作方式主要是机深耕、犁耕和旋耕,

---

＊　1 亩＝666.$\dot{6}$ m²,下同。

一般采用人工收割方式收割。全县全部实现机械化播种。全县可种植牧草面积为 27 万亩,饲草主要以紫花苜蓿和青玉米为主,现有牧草种植面积 2.2 万亩,其中:人工种植优质紫花苜蓿 8 000 亩,青玉米 1.3 万亩,改良草地 1 000 亩。

目前,全县蔬菜种植面积 6.5 万亩,日光节能温室 3 万间,无公害蔬菜面积达 5.5 万亩,蔬菜总产量 1.2 亿 kg。

全县生猪存栏 67 242 头,鸡 1 135 265 只,羊存栏 120 499 只,大牲畜 27 809 头,肉牛存栏 21 589 头,奶牛存栏 6 600 头,奶牛养殖园区 14 个,奶年产量 1.35 万 t,被山西省和太原市分别确定为奶牛发展优势县和黄牛养殖基地县。

全县境内有林地面积达 159.5 万亩,特别是有 20 万亩的天然次生林和 25 万亩退耕还林工程,全县林木覆盖率达 34.2%。东、西两山宜林面积大,造林放牧得天独厚,发展林牧业条件十分优越。

第2章　阳曲县气候资源

本章主要介绍阳曲县的气候特征及形成的因素，以及光照、热量和降水等气候资源。

2.1　气候特征及形成因素

2.1.1　阳曲县气候特征

(1)气候的基本特征

阳曲县属暖温带大陆性季风气候，四季分明，冬季(12月—翌年2月)受西伯利亚冷空气影响，盛行偏北风，寒冷干燥，少雨雪;春季(3—5月)是冬到夏季的转换季节，干旱多风;夏季(6—8月)受南来的副热带太平洋高压影响，盛行偏南风，温高湿重，雨量比较集中;秋季(9—11月)是夏到冬季的转换季节，气候凉爽。

(2)各季气候主要特点

1)春季气候特点

①气温回升较快。月平均气温逐月升高6～

8 ℃,由于日照时间增长,太阳辐射加强,加之植被少,土地大面积裸露,增强了地面辐射,因此,这个季节也是昼夜温差最大的季节。据阳曲县1971—2000年气象资料统计,年平均气温日较差达15~16 ℃,冷暖年较差也较大,冷春与暖春月平均气温可相差5.6 ℃;此外,冷空气势力较强,活动频繁,常使已经转暖的天气又急剧降温,出现晚霜冻,使处于苗期的作物受到危害,有些年份,甚至出现严重的"倒春寒"。

②多大风、风沙天气。各级大风日数以春季出现最多,八级以上大风日数占全年大风日数的50%。

③风大干燥,气温回升快,降水量少,蒸发强,常常造成春季的严重干旱,素有"十年九春旱"之称。

2)夏季气候特点

①夏季湿热,气温稳定。夏季气温的年际变化和月、季变化都不大,日照时间长。日辐射强度大,气温较高,日平均气温在21~23 ℃之间,东、西山区,海拔较高的地区亦在19 ℃以上,6月下旬—8月上旬是一年中最热的时期,极端最高气温出现过39.6 ℃。

②降水集中,年变率大。7—8月是降水的盛期,该时期降水日数占全年降水总日数的35%以上,平

均每月降水日数 15 d 左右。夏季降水量占全年总降水量的 61%,各乡(镇)夏季平均降水量都在 230 mm以上。

各地降水虽然多集中在夏季,但各年夏季悬殊较大,山地尤为明显,如:岔上 1967 年 8 月降水量达337.8 mm,而 1969 年 8 月降水量仅 40.5 mm,相差7.3 倍;北小店 1967 年 8 月降水量 330.5 mm,1969年 8 月仅有 68.9 mm,相差近 4 倍。

但是,有的年份伏天(7 月下旬—8 月底)雨量较少,降水量仅有 40～70 mm,远远不能满足农作物拔节、孕穗的需要,致使高粱、玉米、谷子等发生"卡脖子旱",因此有"春旱不算旱,伏旱减一半"之说。

③多雷阵雨、阵风和降雹天气。夏季大气处于极不稳定状态时,常有对流天气产生,多出现短时间的阵性降水过程,尤其在午后到傍晚,多雷阵雨,有时伴有冰雹、大风等灾害性天气发生,给农牧业生产造成重大损失。

3)秋季气候特点

①雨量骤减,空气清新。入秋后,阴云、降水都明显减少,雷阵雨、阵风、冰雹天气也相继终止。空气清新,能见度好。晴朗的日子较多,10 和 11 月份晴天(指总云量<2 成)的日数均在 15 d 左右。

②降温迅速,气候凉爽。入秋后,北方冷空气开始侵入,日照时间开始缩短,辐射强度减弱,气温明显下降,月平均气温逐月降低 6~8 ℃,10月中、下旬,日平均气温降到 10 ℃以下,9—10月每月有 1~2 次寒潮袭击,冷空气过境后最大降温在 15 ℃左右,威胁着晚秋作物的后期成熟。

4)冬季气候特点

①冬季寒冷,晴天多。12月—翌年2月,月平均气温在—5 ℃以下,最冷的1月份平均气温在—8 ℃以下,极端最低气温出现过—25.7 ℃。

②降水少,空气干燥。冬季降水显著减少,12月—翌年2月降水量仅占全年降水总量的2%,晴天日数每月为 10~15 d。

一年之中,日平均气温稳定通过 10 ℃的积温为 3 297 ℃·d,累积降水量为388.3 mm。由于受地形、地貌的影响,阳曲的主导风向为东北风和西南风,年平均风速为 2.3 m/s,历年最大风速为 24 m/s,最大风压为 36 kg/m²,平均风压为 0.3 kg/m²,一年之中春季风速最大,冬季次之,夏、秋季较小,据阳曲县气象局历年资料记载,全年出现八级或以上大风的年平均日数为 19 d,最多年达 46 d(1968 年),最少年是 7 d(1960 年)。

(3)阳曲气候条件对农业的影响

阳曲县地处吕梁山和太行山两山之间的过渡地带,西北、东南冷暖空气交锋和对流天气产生形成的降水过程,全县均能受益,所以在历史上素有"年年开仓门,年年讲收成"的说法。

农业生产的有利条件:在农作物生长季节(5—7月),气候条件适宜,光照充足;不利条件是:每年均有不同程度的干旱、冰雹、大风、洪涝、霜冻等自然灾害发生,而以干旱、霜冻、冰雹三种灾害性天气为主,同时,冬半年气候寒冷,干旱时期较长,春旱年份又多,对农业生产有制约性的影响。

2.1.2　气候形成的因素

气候形成的主要因素是太阳辐射、大气环流和地理环境。

(1)太阳辐射

太阳辐射是大气和地面增热的主要能源,也是大气中一切物理过程和物理现象的基本动力,它是气候形成的基本因子,不同地区的气候差异及气候季节交替,主要是太阳辐射在各地分布不均和随季节变化的结果。影响各地接收太阳辐射能量多少的主要因子是所处的地理纬度、太阳高度、日照时数等。阳曲县地处北纬 37°56′～38°09′之间,南北跨度不到半度,因此,全县的太阳高度角和日照时数无多大差别,相应的太阳辐射也无多大差别。

由表 2.1 可见:一年中,"夏至日"太阳高度角最大,白昼最长;"冬至日"太阳高度角最小,白昼最短;春分后,地面获得太阳辐射逐渐增加,增温变暖;秋分后,地面得到的太阳辐射逐渐减少,降温变冷,使阳曲县形成冬冷、夏热、春温高于秋温的四季变化气候。

表 2.1   阳曲县黄寨镇正午太阳高度角变化表

地点	夏至	春、秋分	冬至
黄寨镇(北纬 38°04′)	75°23′	51°56′	28°29′

(2)大气环流

阳曲县位于中纬度地区,属东亚季风区边缘,冬季受西伯利亚冷空气控制,是南下寒潮的必经之地,气候寒冷干燥;夏季受南来的副热带太平洋高压影响,湿热同季,如东南季风携带的海洋暖湿气流北上稍弱或欠及时,则大小旱象随即发生。因此,常出现"伏旱"、"卡脖子旱"。

(3)地理环境

阳曲县地处内陆黄土高原,东距大陆海岸线约 852 km,西部和北部为宽广的欧亚大陆,大陆度为

65%。因此,大陆性气候的特征非常明显。

全县境内多为山区,高低相差达 1 100 m 以上,沟壑纵横,地形复杂,形成了多个不同的小气候区域,气温、降水、风速都有明显的差异。气温分布大体由平川到高山逐渐降低,盆地、河谷温暖,高山寒冷,西部地区平均气温较中部和平川偏低约2～3 ℃,东部山区平均气温又比中部和平川偏低约3～5 ℃。降水分布由平川到高山逐渐增多,东、西山区大部较平川偏多 1～2 成。

2.2 光能资源

"万物生长靠太阳",太阳光是地球上一切生命活动的源泉,在光能资源这一节里统计了日照时数、太阳总辐射及光合有效辐射。

2.2.1 日照时数

各地日照时数长短与地理纬度、地形、山脉的遮蔽和阴雨日数多少等有密切关系。阳曲(黄寨)日照时数全年平均为 2 590.9 h。由表2.2可见:一年中,5月份日照时间最长,平均为 272.4 h;2月份日照时间最短,平均为 185.0 h。年日照百分率为 58%,1月份最高,平均为 64%;7月份由于阴雨天气的影响,日照百分率最低,平均为 50%。按各种植物生育条件对光照的要求,日照百分率在 60％以上为"高照",45％～60％为"中照",因此,阳曲县农业生产光照不足的现象是不多见的。

表 2.2　阳曲县历年各月平均日照时数表

月份	1	2	3	4	5	6
日照时数(h)	195.2	185.0	211.9	239.0	272.4	250.9
日照百分率(％)	64	61	57	61	62	57
月份	7	8	9	10	11	12
日照时数(h)	225.8	222.1	213.0	213.2	185.1	177.1
日照百分率(％)	50	53	57	62	61	60

2.2.2　太阳辐射

太阳总辐射由直接辐射和散射辐射两部分组成。太阳辐射通过大气减弱后,以平行光柱直接投射到平面上的辐射通量,叫太阳直接辐射,太阳直接辐射占全年太阳总辐射的 58.2％;太阳辐射在大气中受到散射后,自天空到达地面的辐射通量称为散射辐射。它是由地理纬度、太阳高度角、大气透明度、云量等因子决定的。

一年中,太阳高度角最大时可达 75°23′,全年太

---

　　*　1 cal＝4.18 J,下同。

阳总辐射为 132.72 kcal* /cm²,年变化为单峰型。从
1 月起逐月增大,5 月份达到最大值 15.96 kcal/cm²。
以后又逐月减小,12 月减到最小值 6.32 kcal/cm²
(表 2.3)。

表 2.3　阳曲县各月太阳辐射量　　单位:kcal/cm²

月份	1	2	3	4	5	6
总辐射	7.24	8.28	11.57	12.89	15.96	15.77
直接辐射	4.26	4.83	6.15	6.73	9.18	9.76
散射辐射	2.98	3.45	5.42	6.16	6.78	6.01
月份	7	8	9	10	11	12	全年
总辐射	14.19	13.04	11.04	9.45	6.97	6.32	132.72
直接辐射	8.27	7.67	6.70	5.95	4.14	3.70	77.34
散射辐射	5.92	5.37	4.34	3.50	2.83	2.62	55.38

阳曲县总辐射的季节分布趋势是:

冬季(12 月—翌年 2 月),太阳高度角最小,日照
时间短,太阳总辐射少,为 21.84 kcal/cm²,仅占全年
太阳总辐射量的 16.5%。

春季(3—5 月),太阳高度角较大,太阳总辐射量
为 40.42 kcal/cm²,约占全年太阳总辐射量的 30.5%。

夏季(6—8 月),是全年太阳总辐射量最大的季节,
为 43.0 kcal/cm²,约占全年太阳总辐射量的 32.4%。

秋季(9—11 月),天高气爽,大气透明度好,只因太阳高度角减小,日照时间缩短,太阳总辐射量也相应减少,其量为 27.46 kcal/cm²,约占全年太阳总辐射量的 20.7%。

2.2.3　光合有效辐射与光能利用率

(1)光合有效辐射

太阳辐射中,包括 150~3 000 nm 之间的各种波长的辐射能。植物在光合作用过程中,叶绿素只能吸收 400~700 nm 波长的可见光,这部分辐射称为光合有效辐射或生理辐射,据统计,太原地区的光合有效辐射资源为 64.5 kcal/cm²。

温度是限制光合作用的主要因子,由于各种作物对温度的要求不同,因而其生长期间对光合有效辐射的要求也有一定的差异。冬小麦在日平均气温低于 0 ℃的时期处于休眠状态,光合作用也基本停止。当春季来临、气温回升时,冬小麦才开始返青,又开始积累营养物质。因此,冬小麦生长期的光合有效辐射,应按冬前和冬后两个阶段之和计算。阳曲县冬小麦生长期的光合有效辐射约为 30 kcal/cm²。

阳曲县大部分地区主要生产玉米、高粱、谷子等作物,生长发育要求的温度较高,一般都将日平均气温稳定通过 10 ℃期间的光合有效辐射,作为阳曲县喜温作物生长期的光合有效辐射,统计为 48.86 kcal/cm^2。

(2)光能利用率

照射在农田上的光合有效辐射,能被植物吸收利用的只是其中很小的一部分,这部分能量经绿色植物光合作用后,转换成化学能贮藏于光合产物中的百分比,称为光合有效辐射利用率或光能利用率。

在理想的条件下,光能利用率最高可达 10%~14%。目前,因作物品种、耕作制度和农业技术水平的限制,光能利用率极低,我国目前平均为 1%,山西省一些产量较低的地区仅 0.2%~0.4%,阳曲县不属此列。据研究,按太原盆地的气候条件,光能利用率达 2%时,可产粮食 10 875 kg/hm^2。可见,提高农业生产的光能利用率的潜力是很大的。

2.3 热量资源

热量是一切农作物不可缺少的主要气候条件之一。通常用各种温度指标来表述温度高低、变化规律和积温多少。热量直接影响农作物的生长发育和产量高低。阳曲县热量资源较为丰富,一般均能满足温带农作物正常生长发育的需要。各界限温度(0,5,10,15 ℃)稳定通过的日期比较稳定,一旦气温达到适宜农作物生长发育的指标,就能供给作物生长所需要的热量条件,从而也相对提高积温的有效性和利用率。依据热量条件,可以科学地评价当地的热量资源和衡量生产力水平。

另外,阳曲县气温日较差大,白天气温高,光照充足,作物根系吸收能力强,有利于作物光合作用和干物质的形成;夜间地面有效辐射大,气温低,作物呼吸作用减弱,减少作物营养物质的消耗,有利于干物质和糖分的积累。

用温度作标志的热量资源有:四季温度、平均气温和极端气温、农业指标温度、低温及冻土、无霜期等。

2.3.1 四季温度

气象部门将候平均气温≥22 ℃划分为夏季,≤10 ℃为冬季,10～22 ℃的升温阶段为春季,22～10 ℃的降温阶段为秋季,以此来衡量作物生长季的长短。从表2.4可以看出,阳曲地区四季的长短,可划分为三种类型:

(1)温暖气候区

包括黄寨、侯村、东黄水、高村、大盂、泥屯等6个乡(镇),此区春长71 d,夏长51 d,秋长61 d,冬长182 d。

(2)温和夏短区

包括凌井店、西凌井、杨兴,此区冬长202 d,春长71 d,秋长56 d,夏季在7—8月之间,不出现日平均

表 2.4 阳曲县四季温度划分类型

地点、海拔高度	气候特征	春			夏			秋			冬		
		初日(日/月)	终日(日/月)	初终同日数(d)	初日(日/月)	终日(日/月)	初终同日数(d)	初日(日/月)	终日(日/月)	初终同日数(d)	初日(日/月)	终日(日/月)	初终同日数(d)
黄寨、候村、东黄水、高村、大孟、泥屯,海拔高度为 870～1 000 m	温暖	11/4	20/6	71	21/6	10/8	51	11/8	10/10	61	11/10	10/4	182
凌井店、西凌井、杨兴,海拔高度为1 000～1 200 m	温和夏短	21/4	30/6	71	1/7	5/8	中间断续15 d	6/8	30/9	56	1/10	20/4	202
北小店,海拔高度在1 200 m以上的山地	温凉夏不显	1/5							20/9	春秋142	21/9	30/4	222

气温连续在 22 ℃以上的较长日子,只是间断出现日平均气温在22 ℃以上的日子,不超过半个月。

（3）温凉夏不显区

包括北小店乡,冬长在 220 d 以上,夏季日平均气温不超过22 ℃,春连秋的季节可有 140 d 以上。

2.3.2　平均气温和极端气温

阳曲气温差别受地形、地势影响（表 2.5）,海拔高度 870～1 000 m 的地区,年平均气温为 7～9 ℃,高村乡年平均气温为 7.8 ℃,泥屯镇为 9.1 ℃;海拔高度 1 000～1 200 m 的山地,年平均气温为 5～7 ℃,东山的凌井店为 6.8 ℃,而西山的西凌井为 7.0 ℃;海拔在 1 200 m 以上的高山地,年平均气温为 2～5 ℃。平川、盆地气温高于山地,东部山区最低,西部次之。气温随着高度的变化比较显著,垂直高度每升高100 m,温度递减 0.6～0.8 ℃。

内陆气温日变化较为明显,气温高低出现的时间及日较差大小,是随季节、天空状况而变化的,一般日最高气温出现在午后 14—15 时,日最低气温出现在早晨 06—07 时。如黄寨地区,春、秋两季节气温变化比较大,夏、冬季节较稳定。3—4 月升温最快,月平均气温可升高 8 ℃左右,7月份气温最高,平均气温为 23.3 ℃;秋季 10—11 月降温最快,月平均气温可

降低 8.5 ℃,1 月份气温最低,平均气温为-7.4 ℃;
冷暖月平均气温相差 30.7 ℃。气温日较差除 7 和 8
月份稍小外,其他月份均达 15 ℃左右(表 2.6)。

表 2.5 阳曲各地各月平均气温 单位:℃

乡(镇)	海拔高度(m)	1 月	2 月	3 月	4 月	5 月	6 月
黄寨	897	-7.4	-3.6	3.0	11.5	17.7	21.7
高村	997	-9.0	-5.4	2.0	9.9	17.0	21.2
凌井店	1 274	-9.8	-6.2	1.2	8.6	15.5	19.7
西凌井	1 168	-9.6	-6.0	1.4	8.8	15.7	19.9
泥屯	988	-7.6	-4.0	3.4	11.2	18.0	22.2
乡(镇)	7 月	8 月	9 月	10 月	11 月	12 月	全年
黄寨	23.3	21.6	16.1	9.6	1.3	-5.6	9.1
高村	22.3	20.7	14.7	8.4	-0.1	-7.6	7.8
凌井店	21.0	19.4	13.4	7.6	-0.9	-8.4	6.8
西凌井	21.2	19.6	13.6	7.8	-0.7	-8.2	7.0
泥屯	23.2	21.6	15.8	9.7	1.3	-6.2	9.1

表 2.6 阳曲(黄寨)各月气温平均日较差 单位:℃

时间	1 月	2 月	3 月	4 月	5 月	6 月	7 月	8 月	9 月	10 月	11 月	12 月	年
日较差	15.5	15.0	14.8	15.4	15.8	14.7	11.7	11.6	14.0	14.2	13.4	14.2	14.2

据阳曲县气象局 1960—2010 年统计结果显示,
极端最高气温为 39.6 ℃(2010 年 7 月 30 日),极端最
低气温为-25.7 ℃(1966 年 12 月 27 日、1970 年 1

月 5 日)。日最低气温降至 0 ℃或以下，一般在 10 月上旬，回升至 0 ℃或以上出现在 4 月下旬。

日平均气温连续在－5 ℃以下的日子称为"寒冷期"，阳曲"寒冷期"始于 12 月上旬，终止于 2 月中旬，有 70～80 d；在"寒冷期"中，每日日最低气温低于－10 ℃的日子约有 63 d；最冷候(日平均气温 5 d 之内最冷)多数年份发生在 12 月下旬或 1 月上旬，日平均气温在－9 ℃左右，东、西山可低到－13 ℃。黄寨地区最冷候极值为－14.9 ℃(1976 年 12 月第六候)。

2.3.3 农业指标温度

农作物的生长发育，要求满足一定的积温和保证率。农业指标温度，就是指对农事活动及农作物生长发育具有指示性的温度(表 2.7)，当春季日平均气温稳定通过 0 ℃以后，土壤开始解冻，春天开始，天气回暖；秋季日平均气温降到 0 ℃以下，土壤开始冻结。

一年中，日平均气温高于 0 ℃的持续期称为"农耕期"，这段时间的有效温度都能被利用，也称为"温暖期"；在 0 ℃以下的时期称为"休耕期"，有时也叫"冷期"。春季当日平均气温升到 5 ℃时，多数木本植物开始萌芽生长，连续高于 5 ℃的持续期称为"植物生长期"；日平均气温高于 10 ℃时期，农作物进入生长阶段,称为"作物生长期"。从阳曲县农事活动看,用"作物生长期"(4—10 月)作为大秋作物的播种与收获界限;日平均气温高于 15 ℃时期,农作物的生育速度加快,称为"作物活跃期"。

表 2.7　阳曲县日平均气温稳定通过各界限温度的初、冬日及积温

乡镇	≥0 ℃					≥10 ℃				
	初日 (日/月)	终日 (日/月)	初终 间日 数 (d)	积温 (℃·d)	80% 保证 率积温 (℃·d)	初日 (日/月)	终日 (日/月)	初终 间日 数 (d)	积温 (℃·d)	80% 保证 率积温 (℃·d)
黄寨	10/3	17/11	253	3 839	3 685	22/4	9/10	171	3 297	3 099
高村	15/3	12/11	243	3 639	3 493	27/4	4/10	161	3 097	2 911
凌井店	27/3	6/11	225	3 300	3 168	9/5	25/9	140	2 800	2 632
西凌井	25/3	8/11	229	3 339	3 205	7/5	29/9	146	2 847	2 576
泥屯	10/3	17/11	253	3 880	3 725	20/4	11/10	175	3 437	3 231

　　黄寨地区的温暖期,始于 3 月中旬初,终于 11 月中旬,温暖期达 253 d,≥0 ℃积温 3 839 ℃·d,80% 保证率≥0 ℃积温为 3 685 ℃·d。阳曲县海拔高度

在 1 000 m 以上的地区,温暖期始于 3 月下旬,终于 11 月上旬。温暖期为 220～240 d,80% 保证率积温为 3 000～3 200 ℃·d;海拔 1 200 m 以上的山区,温暖期始于 4 月初,终于 10 月底,温暖期为 210 d 左右,80% 保证率的积温只有 2 500 ℃·d。随地势每升高 100 m,农耕期约缩短 6 d,积温减少约 130～140 ℃·d。

黄寨地区日平均气温稳定通过 5 ℃ 的植物生长期初日为 3 月 31 日,终于 10 月底。植物生长期长 213 d,≥5 ℃ 积温 3 685 ℃·d。春季日平均气温从 0 ℃ 开始,到升到 5 ℃ 时相隔 20 d 以上,这一时期正是播种春作物的时机(如凌井店乡开始播种谷子等作物)。

日平均气温稳定通过 10 ℃ 的作物生长期,泥屯盆地始于 4 月 20 日,终于 10 月 11 日,期长 175 d,≥10 ℃ 积温 3 437 ℃·d。西凌井山区,始于 5 月上旬,终于 9 月底,期长 146 d,≥10 ℃ 积温 2 847 ℃·d。春季日平均气温从 5 ℃ 到 10 ℃ 也是间隔 20 d 以上。据黄寨(1971—2000 年)气象资料分析,日平均气温稳定通过 15 ℃ 的作物活跃期初日为 5 月 10 日,终日在 9 月 15 日,期长 128 d,≥10 ℃ 积温 2 703 ℃·d,日平均气温从 10 ℃ 升到 15 ℃ 也是间隔 20 d 以上。

2.3.4 地温和冻土

(1)地温

地温即土壤温度,它对农作物的播种、生长发育有直接的关系,地面和地中温度的变化与气温基本相同,只是日变化小于气温,它受土壤性质的影响较为明显。如黄寨(1971—2000年)30年地面平均温度为11.3 ℃;比平均气温8.7 ℃高2.6 ℃。

5 cm地温稳定通过12 ℃的初日平均在4月中旬,该温度常作为农作物的播种指标。据阳曲县黄寨1971—2000年30年地温资料统计,4月份5 cm地温第一候为7.8 ℃,第二候为9.3 ℃,第三候为10.5 ℃,第四候为12.0 ℃,第五候为13.6 ℃,第六候为14.4 ℃。一般年份第一候"清明"刚过,土壤解冻,第二、三候地温回升,第四、五候开始播种玉米、豆类等,第五、六候播种高粱、谷子。4月份第四候5 cm地温如果低于12.0 ℃(据统计出现过11年,占到资料年份的36.7%)容易出现"倒春寒",相应地应推迟大秋作物的播种期以避免幼苗受到冻害。

(2)冻土

冻土是指土壤冻结。当地面温度下降到0 ℃或以下时含有水分的土壤开始冻结,阳曲县土壤冻结的最早时间为10月中旬,翌年3月底结束。一般把土壤冻结深度达到10 cm称为"封冻期",阳曲县"封冻期"从11月中旬至翌年3月初,大约100 d左右的时间。最大冻土深度为109 cm,出现在1984年2月份。土壤冻结的早晚和深度影响着秋耕和农田基本建设。

2.3.5 无霜期

从春季最后一次霜冻结束到当年秋季初霜冻来临前,这段时间称为"无霜期"。无霜期在农事活动中作为衡量一个地区农作物生长状况的主要条件。

阳曲县泥屯地区无霜期最长,期长为150 d。黄寨基本能代表平川乡(镇)的气候概况,其无霜期始于5月初,终于9月下旬,无霜期平均为147 d,80%保证率无霜期为136 d(表2.8)。随着海拔升高无霜期递减率为4~5 d/100m,平川大于山区,东、西凌井为130 d左右。

表2.8 阳曲各地无霜期情况

地点	海拔高度 (m)	初日 (日/月)	终日 (日/月)	无霜期天数(d)	
				平均天数	80%保证率天数
黄寨	897	4/5	27/9	147	136
高村	997	8/5	23/9	139	129

地点	海拔高度 (m)	初日 (日/月)	终日 (日/月)	无霜期天数(d)	
				平均天数	80%保证率天数
凌井店	1 274	14/5	20/9	130	121
西凌井	1 168	14/5	20/9	130	121
泥屯	988	1/5	27/9	150	140

2.4　降水资源

大气降水包括液态、固态两种,是农业生产上的重要自然资源。阳曲农田用水的基本来源是大气降水。因此,大气降水的数量、分配特点,决定着作物的种类、配制、耕作、灌溉制度及农作物产量的稳定性。

2.4.1　降水量和分配特点

阳曲大气降水量的地理分布特点是:总趋势是随着地形的升高而增多,海拔每上升 100 m,年降水量约增加 20 mm。东山多于西山,山区又多于平川。一般山区乡(镇)年降水量都达 500 mm 以上,而以黄寨为代表的平川乡(镇)只有 420 mm 左右。

另外,山地由于地势的抬升作用使降水量增多,局部降水量往往是迎风面多于背风面。

　　阳曲县大气降水量的年、季际变化比较显著。黄寨 1971—2000 年历年平均降水量为 421.9 mm，最多年降水量 751.6 mm（1964 年）是最少年 211.7 mm（1972 年）的约 3.6 倍。黄寨降水的月际变化很大，8月份平均最多，为 109.4 mm，占年降水量的 26%；而 1 月份平均 2.5 mm，仅占年降水量的 0.6%，约等于 8 月份降水量的 1/44。雨季 6—9 月降水量 322.6 mm，占年降水量的 76.5%，其他 8 个月降水总量仅占年降水量的 23.5%（表 2.9）。

表 2.9　阳曲县各地月、年平均降水量　　　　单位：mm

地点	1 月	2 月	3 月	4 月	5 月	6 月	7 月
黄寨	2.5	3.7	9.5	17.3	31.1	60.2	97.2
高村	2.0	4.0	7.2	19.3	35.4	58.6	105.1
凌井店	2.8	4.8	8.3	23.3	40.9	67.5	125.3
西凌井	2.3	4.8	8.3	23.1	40.8	67.0	124.2
泥屯	1.9	3.9	6.9	13.6	34.4	66.8	101.2

地点	8 月	9 月	10 月	11 月	12 月	全年	资料年代
黄寨	109.4	55.8	23.4	9.5	2.4	421.9	1971—2000 年
高村	104.7	65.4	24.3	9.8	2.1	437.9	1960—1988 年
凌井店	123.6	77.2	28.9	11.9	2.4	516.3	1960—1988 年
西凌井	122.5	76.6	28.7	11.8	2.4	512.5	1960—1988 年
泥屯	101.1	63.1	23.4	9.4	2.0	422.8	1960—1988 年

按山西省全省农业气候区划划分,4—6 月,阳曲县平川乡(镇)属干旱区,平均每亩缺水大于 60 m³ 的年份占 25%～30%,大于 130 m³ 的年份占 80%～90%;东、西山区属轻旱区,平均每亩缺水大于 60 m³ 的年份占15%～25%,大于 130 m³ 的年份占 80%～90%。7—9 月,阳曲县平川地区属轻旱区,平均每亩缺水大于 60 m³ 的年份占 5%～10%,大于 130 m³ 的年份占 35%～45%;东、西山区属湿润区,但也是降水资源普遍不足,尤其春季干旱。

降水量对农业生产有利的方面:雨量和热量配合甚为密切,日平均气温稳定≥0 ℃时期,作为农作物最大可能生长期,此间降水量约占全年降水水量的 95%左右,特别是 7 和 8 月份气温最高,正是阳曲县降水的高峰期,在农作物生长旺盛期,需水高峰和降水高峰相吻合,从而满足了作物生长对水分的需要。

2.4.2　降水的年际变率

由于季风环流进退有早有迟,持续时间有长有短,影响程度有强有弱,致使逐年降水极不稳定。用降水频率及各级降水量出现的次数来表示历年降水量变化程度的大小(表 2.10),频率相差越大,说明年与年间降水多寡的相差越悬殊,表示降水量稳定性越差。如黄寨 1971—2000 年 30 年的降水资料中,降水量 301～600 mm 的出现频率最多,占到总数的 76%,其余小于 300 mm 和大于 600 mm 的出现频率为 24%。

表 2.10　黄寨年、季降水量等级出现频率

	级别(mm)	200～300	301～400	401～500	501～600	601～700	>700
全年	次数(次)	4	7	3	7	2	1
	频率(%)	14	24	28	24	7	3
春 (3—5月)	级别(mm)	≤20	21～40	41～60	61～80	81～100	>100
	次数(次)	3	5	9	6	3	8
	频率(%)	10	18	31	21	10	10
夏 (6—8月)	级别(mm)	100～150	151～200	201～250	251～300	301～350	>350
	次数(次)	1	4	8	6	4	6
	频率(%)	3	14	28	21	14	21
秋 (9—11月)	级别	≤30	31～80	81～90	91～120	121～150	>150
	次数(次)	1	8	4	7	3	6
	频率(%)	3	28	14	24	10	21
冬 (12—2月)	级别(mm)	≤5	6～10	11～15	16～20	21～25	
	次数(次)	8	13	4	2	2	
	频率(%)	28	44	14	7	7	

另一种变率的计算方法是:以多年降水量平均值为标准,计算各年降水量与平均状况的差值,就是降水量的距平差(绝对变率),再计算年、季降水量的相

对变率。据山西省气象局研究,当年降水相对变率在 30% 以上,季降水量在 40% 以上时,就表示逐年降水变化幅度较大,容易出现旱、涝不均的现象。如黄寨历年平均降水量为 421.9 mm,平均年变率为 ±99.1 mm,相对变率为 22.2%。从表 2.11 可以看出,除夏季降水相对变率较小外,其余三季的降水相对变率都在 40% 以上,出现干旱、少雨的程度就比较多。

表 2.11　黄寨、沙河年、季降水平均相对变率　　单位:%

地点	年	春	夏	秋	冬	资料年代
黄寨	22.2	56.5	25.3	46.3	58.3	1971—2000 年
沙河	21.9	46.3	23.8	45.7	65.4	1959—1986 年

2.4.3　最大降水量和降水日数

据研究,山西省夏季降水量在 10 分钟内达 10 mm,一小时达 30 mm,一日达 50 mm 以上,就定义为暴雨,对农田土壤均有一定的破坏力。如黄寨 1971—2000 年 30 年降水资料统计中,10 分钟最大降水量为 22.5 mm(1982 年 8 月 15 日),一日最大降水量为 66.8 mm(1988 年 8 月 5 日),最长连续降水量为 148.8 mm,日数 12 d(1976 年 8 月 7—18 日)。沙河雨量点在 1959—1986 年 28 年中,一日最大降水量为 95.2 mm(1961 年 8 月

13 日）（表 2.12）。而于 1971 年 10 月 25 日至 1972 年 1 月 16 日连续 84 d 未下一滴雨、雪，这是全县最长无降水的天数。

表 2.12　黄寨、沙河各月一日最大降水量　　　　单位:mm

地点	月份	1 月	2 月	3 月	4 月	5 月	6 月	7 月
黄寨	降水量	6.4	8.3	17.0	25.9	32.9	63.6	62.4
	出现年份	1993	1979	1997	1991	1988	1981	1989
沙河	降水量	6.6	20.2	15.5	30.2	60.5	66.8	82.4
	出现年份	1964	1971	1977	1964	1980	1977	1966

地点	月份	8 月	9 月	10 月	11 月	12 月	历年极值	资料年代
黄寨	降水量	66.8	60.7	36.4	20.1	8.8	66.8	1971—2000 年
	出现年份	1988	1983	1991	1992	1974	1988	
沙河	降水量	95.2	71.9	31.5	16.1	7.1	95.2	1959—1986 年
	出现年份	1961	1961	1973	1968	1985	1961	

从统计资料看,阳曲全县降水日数历年平均为 75 d 左右,约占全年日数的 21％;6—9 月出现的降水日数,占全年降水日数的 59％。山区全年降水日数约有 90～100 d。

在全年降水日数中,出现"中雨"日数(日降水量为 10～24.9 mm)约为 13 d;出现"大雨"日数(日降水量为 25～49.9 mm),全年超不过 4 d;出现"暴雨"日数(日降水量≥50 mm)全年只有 1 d(表 2.13)。

表 2.13　黄寨历年各月平均降水日数　　　单位:d

雨量级别	1月	2月	3月	4月	5月	6月	7月
$R \geqslant 0.1$ mm	2.1	2.6	4.4	4.4	6.3	10.2	13.4
10 mm$\leqslant R \leqslant$24.9 mm	0	0	0.2	0.6	1.1	1.8	3.4
25 mm$\leqslant R \leqslant$49.9 mm	0	0	0	0	0.2	0.6	0.7
$R \geqslant 50$ mm	0	0	0	0	0	0.1	0.1

雨量级别	8月	9月	10月	11月	12月	合计
$R \geqslant 0.1$ mm	12.5	8.3	5.7	3.3	1.5	74.7
10 mm$\leqslant R \leqslant$24.9 mm	3.7	1.9	0.6	0.1	0	13.3
25 mm$\leqslant R \leqslant$49.9 mm	1.2	0.4	0.1	0	0	3.3
$R \geqslant 50$ mm	0.2	0.1	0	0	0	0.5

2.4.4　土壤水分状况分析

土壤中的水分主要随着大气降水多少和蒸发量大小的变化而变化。

蒸发是指地球表面的水由液态或固态转变成气态逸入大气中的过程,包括森林、草地、江湖水面的蒸发、蒸腾等。现阶段了解蒸发的手段有两种:一是用仪器测定;二是根据经验公式计算。目前多数气象局(站)是采用 20 cm 口径的小型蒸发器测定水面蒸发量,以毫米(mm)为单位。根据小型蒸发器测定,阳曲全县年平均蒸发量为 1 829.8 mm(表 2.14)。最多年份 2 404.6 mm,最少年份 1 338.7 mm;全年以 5 月份蒸发量最大,为317.9 mm,1月和12月最小,均在40 mm左右。

表2.14   阳曲(黄寨)器测水面蒸发量   单位:mm

时间	1月	2月	3月	4月	5月	6月	7月
蒸发量	39.3	60.0	125.0	238.4	317.9	287.0	224.9
时间	8月	9月	10月	11月	12月	年平均	
蒸发量	182.3	141.2	114.8	61.3	37.7	1 829.8	

需要指出的是:实际土壤表面蒸发不可能有上述那么大的蒸发量,这是目前器测蒸发量的弊端,其测定的蒸发量只能作为地区之间、时间上的参考比较,大致反映蒸发趋势。

大气降水越多,土壤水分越丰富;若土壤水分蒸发越大,则土壤含水量散失越多。因此,大气降水量大于最大蒸发量时,表示土壤水分有贮藏积累;反之,表示土壤水分散失消耗。通过统计资料分析,阳曲7月和8月2个月应为土壤水分"积存期",其他月份为土壤水分"散失期",年蒸发量是降水量的4.3倍。可是全县的实际情况并非如此,只能说明全年土壤水分处于连续消耗的态势,会出现春旱和初夏干旱,造成阳曲"十年九旱"。

第3章 阳曲县主要灾害性天气

阳曲县在农作物生长季节,年年都要遭受到不同程度的自然灾害影响,主要灾害性天气有五种:旱、涝(连阴雨)、霜冻、冰雹、大风。

3.1 旱、涝灾害

旱、涝是阳曲县农业生产的主要自然灾害之一,农业生产的丰歉,在很大程度上取决于有无旱、涝,程度轻重及出现的季节。据黄寨 1960—1988 年 29 年资料分析,以年降水量距平百分率≥50％为重涝年,15％～25％为轻涝年,≤－25％为重旱年,－15％～－25％为轻旱年,则本县出现涝年 8 年,占 27％,旱灾 8 年,占 27％,正常年景占到 45％(表 3.1)。

旱、涝多集中在春、夏、秋三季,经过分析阳曲县旱灾多于涝灾,特别是旱灾年年都有,严重地影响着阳曲县的工农业生产和人民生活。

表 3.1　1960—1988 年阳曲县旱涝次数及频率

灾害级别	全年		春季		初夏		盛夏		秋季		春播	
	次数（次）	发生频率（%）	次数（次）	发生频率（%）	次数（次）	发生频率（%）	次数（次）	发生频率（%）	次数（次）	发生频率（%）	次数（次）	发生频率（%）
重涝	5	17	3	10	6	21	5	17	6	21	6	21
轻涝	3	10					3	10	3	10		
正常	13	46	14	48	13	45	12	41	9	31	11	37
轻旱	3	10	4	14	5	17	4	14	3	10	4	14
重旱	5	17	8	28	5	17	5	17	8	28	8	28

3.1.1　春旱(3—5 月)

阳曲县春季是全年最干旱的季节,群众称"十年九旱"、"春雨贵如油",1960—1988 年的 29 年中春旱出现 12 次(表 3.1),平均 7 年 3 遇,典型年份有 1962,1968,1972 和 1981 年,3—5 月降水量仅有11～27 mm,对春耕播种有直接的影响。

3.1.2　初夏旱(6 月)

初夏也是阳曲县旱灾严重的季节,在 29 年中初夏旱共发生 10 次(表 3.1),平均 3 年 1 遇,典型年份有 1966,1968,1972 和 1974 年,6 月降水量仅有 16～24 mm,正值谷子播种和大秋作物出苗,对农作物影响很大。

3.1.3 夏涝、夏旱(7—8月)

夏季降水多,是涝灾发生最多的季节。在 29 年中,夏涝共出现 8 次(表 3.1),平均 4 年 1 遇,其中重涝年 5 次,平均 6 年 1 遇,如 1964 和 1988 年降水量分别达 751.6 和 661.3 mm,1988 年全县播种面积52.67 万亩,受涝面积 34.55 万亩,约占全县总播种面积的 66%。在 29 年中,常因降水分布不均和雨季迟早出现夏旱。如 1965,1972,1980 和 1984 年 4 年出现夏旱,7—8 月降水量仅 85～100 mm,较常年降水量偏少 7 成多,该时期群众称"卡脖子旱"、"伏旱",平均 3 年 1 遇。

3.1.4 秋旱(9—10月)

秋旱在阳曲县也是比较严重的,29 年中共出现11 次(表 3.1),平均 3 年 1 遇,典型年份有 1965,1981,1986 和 1988 年,9—10 月降水量在 21～39 mm之间,影响大秋作物后期生长、灌浆,导致早衰减产。

阳曲县季节性旱涝不仅经常发生,而且季节性连旱也很明显,如 1965 和 1972 年春、夏、秋三季连旱,给农业生产造成极大的损失。

从旱、涝的年、季演变及发生频率看,阳曲县旱、涝灾害发生频繁。一年之中,春、秋以旱为主,夏季也以旱为主,少数年份兼有涝,春、夏、晚秋干旱已成为常见规律。

3.1.5 暴雨

暴雨分为暴雨、大暴雨、特大暴雨三种,多出现在7和8月,其中7月份暴雨发生次数占总数的26%,8月份占总数的32%,其余月份占42%;历年平均周期为37 d,最多年份出现过2次(表3.2),虽然暴雨出现时间短、范围小,但其来势猛、强度大,常给人民的生命、财产造成巨大的损失。

3.2 霜冻

霜冻是指在温暖期内,土壤表面、植物表面以及近地面空气层的温度降至足以引起作物能遭到冻害或死亡的短时间低温(通常是在0 ℃或以下)而产生的伤害。春季的霜冻称为"终霜冻",秋季的霜冻称为"初霜冻"。据统计,阳曲初霜冻日期最早为9月14日,最晚为11月2日。终霜冻日期最早为2月15日,最晚为5月20日。平均无霜期147 d,最长年214 d,最短年116 d。

阳曲县多数年份农作物均不同程度受到冻害。受冻害严重的年份有1984和1993年这2年,由于初

表 3.2 阳曲县历年暴雨情况

年份	5月		6月		7月		8月		9月		全年暴雨日			
	日期	降水量 (mm)	日期	降水量 (mm)	日期	降水量 (mm)	日期	降水量 (mm)	日期	降水量 (mm)	初日 (日/月)	终日 (日/月)	日数 (d)	降水量 (mm)
1961					11	90.4	13	51.5			11/7	13/8	2	141.9
1963	23	68.1									23/5	23/5	1	68.1
1964					6	68.4			7	53.7	6/7	7/9	2	122.1
1965							23	55.8			23/8	23/8	1	55.8
1967							20	66.4	6	66.1	20/8	6/9	2	132.5
1969					27	53.8					27/7	27/7	1	53.8
1973							8	54.7			8/8	8/8	1	54.7
1977			24	52.7	6	51.1					24/6	6/7	2	103.8
1981			19	63.6							19/6	19/6	1	63.6
1983									7	60.7	7/9	7/9	1	60.7
1985									8	53.3	8/9	8/9	1	53.3
1988			7	52.1			5	66.8			7/6	5/8	2	118.9

注：暴雨是指日降水量大于或等于 50 mm。

霜冻较常年提前 13 d,全县大秋作物受到严重冻害,致使粮食减产。因而,初霜冻出现得早晚,对大秋作物的丰歉有决定性作用。

3.3 冰雹

冰雹在全县发生较频繁,危害极其严重,黄寨地区 1971—2000 年 30 年中共出现 19 次,平均 3 年 2 遇,多出现在 7 和 8 月份,这两月的出现日数占全年的 58%,其次是 5,6 和 9 月份(表 3.3),6 和 9 月份一旦出现,危害极其严重。

表 3.3 黄寨地区历年各月冰雹出现日数(1971—2000 年)

时间	1 月	2 月	3 月	4 月	5 月	6 月	7 月	8 月	9 月	10 月	11 月	12 月	全年
冰雹日数 (d)	0	0	0	0	1	2	4	3	2	0	0	0	12

阳曲县历年冰雹直径一般在 5～10 mm 之间,大者可达 30～40 mm,最大状如鸡蛋。降雹持续时间,一般为 1～2 min,大雹或灾情较重者多在 10～20 min。小雹一般伴雷阵雨零星降落,密度稀,直径小;大雹降落时,地面一般都能积雹 5～10 cm,最深可达 20 cm 以上。

据调查,冰雹在阳曲县的分布和发生规律,大都起源于高山,其势沿河而下,在阳曲县境内冰雹路径可分为5条,有时可能几条雹线同时出现,也有时一条雹线只是在局部地区降落。

第一条雹线,起于北小店乡的权庄,呈西北—东南走向,途经岔上、泥屯镇的思西村、泥屯镇、东青善、西青善、北郊区的东北部(棋子山)、侯村乡的西黄水村。在这条雹线的范围内,每年均有小雹发生,成灾冰雹平均3年2遇,是阳曲县雹灾多、受害最重的地区之一。其中1965和1966年及1983和1984年,曾连续成灾。1989年9月5日,西黄水等5个村庄遭受到冰雹袭击,降雹时间达15 min,积雹深度在10 cm左右,受灾面积2.4万多亩,经济损失237万元。大秋作物全部被砸毁,果树被打断,果实被打落,并导致两年不结果,死羊6只,是历年罕见的重灾情。

第二条雹线,起于忻州,从高村乡的河庄村入境,途经高村、黄寨镇的柏井村。若冰雹发展激烈时可分两支南行:一支路线向南方向,途经大盂镇、东黄水镇的大汉村和范庄村,逐渐减弱而终止;另一支路线向西方向,途经黄寨、侯村,进入寿阳县交界处。整个雹线上,小冰雹年年有,成灾冰雹平均2~3年1遇。

第三条雹线,起于小五台山,途经杨兴、石槽,进入温川和盂县交界处,平均3~5年1遇。

第四条雹线,起于石岭关西部附近,经大盂、马坡梁,到东黄水镇的故县、南洛阴、北洛阴、西洛阴一带,成灾冰雹5~10年1遇。

第五条雹线,起于两岭山,经北小店、西凌井出境进入北郊区。小冰雹平均2年1遇,成灾冰雹3~5年1遇。

3.4 大风

瞬间风速≥17.2 m/s时称为大风。阳曲县历年平均出现大风日数为19 d,最多年为46 d(1968年),最少年仅有4 d(1987和1988年)。阳曲4—6月出现的大风最多,每年平均有11次,占全年总数的58%左右。大风产生的迎面风压为30~40 kg/m²,使土壤失墒,加重春季、初夏的旱象,直接影响春播和出苗,有时出苗后遭受风灾,吹死幼苗。初夏大风对塑料大棚和地膜覆盖有危害。秋初平均每年有大风1~2 d。1983年8月26日,高村公社*15个生产大队,31个自然村受害,葵花、玉米、高粱等农作物大部分倒伏或茎秆折断,受灾面积达2.5万亩,刮断倒伏

---

* 现改为乡,下同。

树木 500 多株,大牲畜、猪各死亡 1 头,公路部分路段被水淹没,铁路中断超过 20 min。

3.5　气象防灾减灾工作

目前,阳曲县的气象灾害监测预警技术水平不断提高,天气雷达监测网和自动气象观测系统的自动化水平建设初具规模,全县 10 个乡镇以及重点河流和地质灾害易发区域等安装了 17 套自动气象站,在指挥中心就可以实现对全县气象状况的掌控。气象防灾减灾服务能力日渐增强,气象灾害预警信息的发布及时性更强、手段甚多,信息对广大公众防灾避险更具有针对性,对预警预报信息传输"最后一公里"的方式呈现出多样化,手机预警预报短信平台、电视天气预报、报纸、网站、微博、微信、电子显示屏等传输介质更具有现代化气息,乡镇、村气象义务信息员达到151 人,村村都有自动化气象预警预报大喇叭,10 个乡镇的气象显示屏达到了全覆盖。人工影响天气作业,在应急抗旱、生态建设、森林防火等方面发挥重要作用。全社会气象灾害应急联动响应机制逐步建立,水利、农业、林业、国土、环保、卫生、民政、住房城乡建设、交通运输、教育、安监、电力、新闻媒体、广电及通信等部门与气象部门开展防灾减灾的合作关系更加紧密,部门间信息共享更加充分。气象灾害科普宣传不断深入,通过发放气象科普宣传材料、推进气象科技下乡、开设媒体气象专版专栏、组织防灾减灾知识竞赛、开展技术培训等方式,积极开展防灾减灾科普宣传,使社会公众科学掌握各种气象灾害的特点、预警信号及防范常识,增强公众避险、自救、互救能力。

气象防灾减灾是一项只有起点没有终点的工作,做好气象防灾减灾,仍然是气象部门今后乃至较长时间的重要工作。

第4章　农作物与气候

农业生产是在自然条件下进行生物再生产的过程。气候对栽培作物的种类、品种及区划布局起重要的作用,作物的生育、品质、产量形成均受气候的影响,所以,讲求科学、因地制宜地安排好农作物种植计划是很有必要的。

阳曲县的山区与平川气温悬殊,自然节令差异较大,一般情况下,平川比山区早半个月。平川物候现象为:3月10日,河水始融;3月17日,土表解冻,且日消夜冻;3月31日,旱柳发芽;4月7日,始闻雷声;4月26日,梨树开花;5月12日,玉米出苗;5月17日,马铃薯出苗;6月6日,大麻出苗;6月8日,臭椿开花;6月25日,莜麦出苗;7月17日,马铃薯现蕾,谷子抽穗;7月18日,黍子拔节;7月29日,黄豆开花;8月3日,谷穗挂籽;8月11日,小豆开花,荞麦盛花;8月16日,莜麦抽穗;9月20日,小豆成熟;9月30日,土豆成熟;9月31日,黄豆成熟;10月10日,谷子成熟;10月14日,玉米成熟;11月14日,土壤表层夜冻午消;12 月 15 日,河水结冰。

4.1 玉米生育气候条件

玉米是阳曲县主要粮食作物之一,全县各乡(镇)普遍种植,它在各个生育期对气候条件的要求不同。

4.1.1 播种期

玉米播种期的温度指标:日平均气温稳定通过 12 ℃,需要的土壤湿度在 16%~20%之间,这期间如有 10~15 mm 的降水,对出苗有利。

4.1.2 幼苗期

幼苗期的气象指标:种子发芽最低温度 8~10 ℃,幼苗生长最低温度 10~12 ℃,土壤湿度为 16%时蹲苗最为适宜。刚出土的幼苗耐寒性强,多数品种能忍耐－1 ℃的低温。这期间需水量较少,水分过多会造成土壤通气不良,容易烂根。

4.1.3 拔节、孕穗期

拔节、孕穗期要求温度在 24~26 ℃之间,日平均气温在 18 ℃以上,土壤湿度在 16%~18%之间,昼夜温差小,方能拔节。不利的条件是昼夜温差大、降水量少、气温高等。这期间容易出现"卡脖子旱",使雌雄穗出现时间不能吻合,花粉与花丝生长不畅,造成空秆;如阴雨天过多,光合作用弱,也会造成上述情况。

4.1.4　抽穗开花期

玉米是同株异花作物,抽穗开花期要求 25～27 ℃的较高温度,天气晴朗,空气相对湿度在 70％左右,土壤湿度在 18％～20％之间(在抽穗 1 个月之前是需水的最高峰),有微风对开花授粉较为有利。

4.1.5　灌浆成熟期

入秋以后,天高气爽,昼夜温差大,是灌浆成熟的有利条件。如气温在 22～25 ℃之间,土壤湿度在 16％～18％之间,后期晴天,空气湿度逐渐降低,有利于淀粉的形成和积累;如这段时期降水过多会推迟成熟期,容易遭受霜冻危害,影响玉米的产量。

4.2　谷子生育气候条件

谷子是阳曲县耕种最广泛的作物之一,历史悠久。小米是阳曲县人民喜爱的主要食物之一,谷子的播种面积曾占到阳曲县粮食作物总播种面积的29.3％。谷子生长发育需要的气候条件如下:

4.2.1 播种期

谷子播种期的气象指标:日平均气温大于 13 ℃,地温在 11～12 ℃之间,土壤湿度为 16%～18%。气温低于 11 ℃,土壤湿度小于 10%,都不利于谷子出苗。

4.2.2 幼苗期

发芽温度在 24～26 ℃之间,土壤湿度在 9%～10%之间。幼苗期耐旱性较强。

4.2.3 拔节、孕穗期

拔节、孕穗期需要日平均气温在 20～25 ℃之间,土壤湿度在 15%～18%之间。从穗分化到孕穗前需降水量 35～40 mm,需防止"胎里旱";从孕穗到抽穗需降水量 80～100 mm,需防止"卡脖子旱"。

4.2.4 抽穗开花期

谷子抽穗开花期要求光照充足,土壤湿度在 17%～20%之间,又需降水量 80 mm 左右。抽穗至开花期就怕遇上干旱少雨或低温连阴雨(气温低于 15 ℃)天气。

4.2.5 灌浆成熟期

谷子灌浆成熟期需光照强,要求气温在 25 ℃左右,土壤湿度在 18% 左右。灌浆前半期需降水量

50～60 mm,后半期需降水量 30～50 mm,有"麦浇黄芽、谷浇老"的说法。这一期间喜晒怕涝,阴雨连绵会造成"返青"减产,如遭受大风易倒伏掉籽粒。

4.3 高粱生育气候条件

4.3.1 温度

高粱从播种到出苗需日平均气温在 12 ℃以上。幼苗生长适宜温度为 20～25 ℃,灌浆成熟期适宜温度为 20～25 ℃,日际温差要大,以便于籽粒营养物质的积累。

4.3.2 水分

高粱出苗期需降水量 10～15 mm,幼苗期适当干燥较好;在拔节期需水量较多,降水量在 150 mm 以上为宜,水分不足,会导致高粱生长受到阻碍。干旱高温使花粉和花丝不能正常授精,阴雨低温会导致不能正常开花,从而造成减产。

4.4 薯类生育气候条件

4.4.1 播种出苗期

薯类发芽需要温度在 10 ℃以上,土壤湿度在

16％左右,应避免低温和干旱。

4.4.2 开花期

薯类开花期要求日平均气温在 21~24 ℃之间,土壤湿度在 16％~18％之间。这些条件利于结薯,如干旱缺水则块茎就停止生长。

4.4.3 块茎形成期

薯类块茎形成期适宜温度为 16~18 ℃,土壤湿度在 22％以上。不利于结薯的主要条件是干旱,其次是阴雨天气(易发生晚疾病)或高温干燥的气候。

第5章　农业气候区划

农业气候区划是综合农业区划的一个组成部分，其目的是：充分合理利用气候资源，科学地进行作物布局，改革耕作制度，推广专业栽培新技术。当前所进行的区划，实际是以"作物气候区划"为依据，进行综合农业区划。主要内容有两个方面：一是解决种植不同生态类型作物的可行性问题；二是解决栽培制度和栽培区域的合理性问题。

5.1　区划的原则

根据太原市城郊型农业总体设计，结合当地种植作物的实际情况和今后阳曲县农、林、牧发展方向进行农业气候区划，其原则是：

（1）按照农作物的生态类型、种植制度和阳曲县农业发展方向，进行划分。

（2）根据农作物所需的各类农业气候条件进行划分。

（3）根据气候因子对作物生育的重要性，以热量为主导因子，水分为辅助因子，统一考虑地理地貌分区划分。

5.2 农业气候区划指标和方法

阳曲县属暖温带大陆性季风气候,一年中约有 2/3 的日子是晴天,所以光照对植物生育和农事活动的影响,在区划中可以暂时忽略先不予考虑。而在作物生育过程中,热量相等的地区,土壤中含水量大体是相同的;但是耕作制度、作物生育期长度、品种类型、栽培方法等,都需要根据热量因子进行研究,因此,在进行农业气候区别时,首先要考虑热量条件。

5.2.1 热量条件

不同农作物对热量条件各有不同的需要,根据阳曲县多年来的科学实验和生产经验,得出几种主要农作物对热量条件的要求,见表 5.1。

目前,全县耕作制度是一年一熟,根据作物生育期长度,按 80% 保证率 ≥0 ℃ 的积温来划分,将全县划分为 4 个农业热量气候区:

(1)温暖平川区:≥0 ℃ 积温 3 500～3 750 ℃·d。

(2)温和丘陵区:≥0 ℃ 积温 3 250～3 500 ℃·d。

(3)温凉山区:≥0 ℃ 积温 3 000～3 250 ℃·d。

(4)冷凉山区:≥0 ℃ 积温 <3 000 ℃·d。

表 5.1 主要农作物对热量条件的要求

作物名称	品种	生育期(d) (出苗—成熟)	需要≥10 ℃ 积温(℃·d) (播种—成熟)
玉米	早熟	100～110	2 100～2 400
	中晚熟	120～125	2 600～2 800
高粱	早熟	100	2 300～2 500
	中晚熟	120～125	2 500～2 800
谷子	早熟	90	1 900～2 100
	中晚熟	115	2 200～2 400
薯类	早熟	90	1 800～2 000
	中晚熟	115	2 100～2 300

5.2.2 水分条件

水分对农作物产量高低及稳定程度有决定性的作用。从历史资料分析,阳曲县农业旱、涝的主要原因是:逐年降水变率较大或降水的季节分配不均。根据降水量的变化情况,将全县划分为三种农业气候类型区(表 5.2):

(1)半干旱区:年平均降水量 430～500 mm,折合水 266～333 m³/亩。

(2)微湿润区:年平均降水量 500～550 mm,折合水 333～366 m³/亩。

(3)丰湿润区:年平均降水量 >550 mm,折合水 366 m³/亩以上。

表 5.2　阳曲县农业气候区划表

农业气候分区	≥0 ℃积温（℃·d）	年平均降水量（mm）	乡镇	播种作物
半干旱区	3 500～3 750	430～500	黄寨、侯村、东黄水、高村、大盂、泥屯	玉米、高粱、谷子、葵花、蔬菜、水果
微湿润区	3 250～3 500	500～550	凌井店、西凌井、杨兴、东黄水镇的马驼、高村乡的诸旺	玉米、谷子、土豆、豆类、莜麦、林木
丰湿润区	<3 250	>550	北小店	谷子、土豆、莜麦、豆类等小杂粮、林木

5.3　农业气候分区评述

5.3.1　半干旱区

半干旱区包括黄寨、高村、大盂、东黄水、侯村、泥屯 6 个平川乡（镇），不包括东黄水镇的马驼、高村乡的诸旺等村。海拔高度在 870～1 000 m 之间，平均高度 930 m，其面积占阳曲县总面积的 37.5%。

该区年平均气温在 7～9 ℃之间，1 月份最冷，7 月份最热，≥10 ℃的初日在 4 月下旬，终日在 10 月

上旬,无霜期为 140～150 d,年平均降水量在 430～
500 mm 之间,该区蒸发量大,地下水位深,气候干燥,
"十年九旱"是这个区的气候特点。本区是阳曲县主
要粮食产区,种植玉米、高粱、谷子、葵花等,泥屯和黄
寨两镇已试种花生并获得成功。

随着种植结构的调整和市场经济的发展,有计划
地发展蔬菜、水果种植面积,耕作制度一年一熟或一
年二熟。

5.3.2　微湿润区

该区包括凌井店、西凌井、杨兴 3 个乡,以及东黄
水、高村等乡(镇)的部分地区。海拔高度大部分在
1 000～1 200 m 之间,平均高度为1 100 m,其面积占
阳曲县总面积的 44.2%。

年平均气温在 6～8 ℃之间,≥10 ℃初日在 5 月
上旬,终日在 9 月下旬,无霜期 130 d,年平均降水量
在 500～550 mm 之间。本区主要种植玉米、谷子、山
药、豆类、莜麦,耕作制度一年一熟。

该区温度较低,土壤肥沃、湿润,是阳曲县比较理
想的林木基地。加快全县林业发展速度,形成专业
化、区域化营造林布局,既可调节气候,又能保持水土
流失。

5.3.3 丰湿润区

该区包括北小店乡(有小气候特点),海拔高度在 1 200 m 以上,是阳曲县最高的山地,其面积占阳曲县总面积的 18.3%。

该区年平均气温在 4~6 ℃ 之间,≥10 ℃ 初日在 5 月上旬,终日在 9 月中旬,无霜期 120~130 d,年平均降水量在 550 mm 以上。由于气温低,无霜期短,只能种植生长期短的品种,如谷子、山药、莜麦、豆类和小杂粮。与此同时,该区发展畜牧业有得天独厚的优越条件。

第6章 气候资源利用

　　天气与气候是两个根本不同的概念,天气是指某地在一段时间内发生的阴、晴、雨、雪、风、冷、暖等自然现象,而气候则是指某一地区多年气象要素的平均值。天气在较短时期内变化较大,而气候则比较稳定,但气候也不是永恒不变的,它随着大气环流、太阳辐射、地面性质等因素的变化而发生缓慢的变化。气候是影响农业生产的重要因素,由于各地所处的地理位置及环境不同,所以其气候条件也就不同。各种类型的气候条件为一些农作物提供了适宜的生育条件,也限制了某些农作物在某地区的种植。因此,人类有适应、利用和改造气候条件的神圣职责,这样才有现实的意义。

　　以下对阳曲县光、热、降水等资源的利用做一浅析。

6.1　光能资源的利用

　　一般用日照时数、日照百分率间接地表示地面光能资源的状况,但真正表示光能资源状况的是太阳辐射。阳曲县 1971—2000 年 30 年年日照时数平均为 2 590.9 h,大秋作物生长期需要的日照时数为 1 203.2 h。阳曲县年太阳总辐射为 5 546.9 MJ/m²,作物生长期需太阳总辐射 2 926.0 MJ/m²。日照百分率是指某地某段时间内实际光照时数占该地在该段时间内可照时间的百分比,它可以反映天空状况(云、尘等现象)对光照时数的影响。总体讲,阳曲县光能资源是丰富的,提高光能利用率的潜力很大。提高光合作用效率是阳曲县农业高产的一个重要途径,主要措施有:

一是要采取合理的栽培技术措施,主要是种植密度要适宜,使阳光透过叶面间隙不因落到地上而白白浪费;必须水肥充足,使农作物生长旺盛。

二是要充分利用生长季节,合理安排作物的茬口。采用田间套种和轮作制耕种方法调整、改善农田群体。

6.2 热量资源的利用

热量因子一般用温度表示,阳曲平川地区(黄寨)历年平均气温为 9.1 ℃,1971—2000 年 30 年最暖

年平均气温为9.6℃（1961年），最冷年平均气温为
8.0℃（1969，1970，1976和1984年），冷暖年相差
1.6℃，一年中冷暖月相差31.1℃。

各种农作物在生育过程中需要一定的热量，所以
只掌握温度是不行的，如每年的热量条件不稳定，相
差甚大，这就需要了解大于等于各界限温度的积温和
它的保证率。阳曲全县热量资源基本能满足大秋作
物生长发育需要，除土壤状况对作物生长发育有影响
外，其他条件均处于次要地位。因此，人为地调节土
壤状况很有现实作用，如采用灌溉、松土、镇压、袭作、
铺地膜、施增温剂等方法调节土壤温度，为作物生长
发育创造优越的热量条件，使其顺利地完成生长周
期，对提高粮食产量有重要的保障作用。

6.3 降水资源的利用

阳曲县的水资源主要依靠降水，多数年份的降水
都不能满足作物生长发育的需要。如何把有限的降
水量利用起来？这是我们研究和探讨的课题。从30
年的气象资料分析，得出半干旱区农产品产量的高
低，主要取决于降水量的多少和降水时段的分布。但
是，我们经常看到，绝大部分降雨白白地流掉了，农作
物仅仅利用了很少的一部分。即使是这样，我们也要

持续科学地蓄住地面的积水,以减少水土流失;同时,也要设法增加降水量,从目前科学水平和经济条件看,是让天空中增加部分降水量(用飞机、火箭高炮人工增雨);又要调节作物生长期,让其与降水高峰期相吻合,以提高单位面积产量。主要措施有:

(1)旱地搞低作,他水我用。低作就是在植物生长的地方用人工挖沟或做垫渠,把高处的水借到低处,把其他地方不用或难以利用的水借给急需的作物。

(2)坡地搞垄作,前雨后用。目前阳曲县土地大部分是坡地,坡地跑水严重,搞好坡地建设,把水蓄住,使前雨后用,可供以后农作物生长。

(3)地面多加工,少跑多用。阳曲降水的78%跑到了大气中,如何减少蒸发?应把耱保墒,深耕蓄水,尽量满足农作物生长的需要。

(4)播种巧安排,伏雨急用。要及时收听收看天气预报,掌握适时播种时机,使作物需水高峰期与降水高峰期相吻合,从而满足作物生长对水分的需要。

6.4 提高抗旱防涝能力

根据阳曲县气候特点,要继续加强以抗旱为重点的农田基本建设,有水利条件的地方,搞好渠系配套,逐步做到旱能灌、涝能排,为农作物稳产高产创造条件;同时,根据阳曲县降水偏少的特点,要培育抗旱耐旱良种,同时要扩大抗旱耐旱作物的种植面积,走旱作农业的道路。

6.5　抓好植树造林绿化工程

植树造林是我国的基本国策,也是利国利民的大事,应搞好农田林网和四旁绿化工程;同时,有计划地营造防护林带及治理荒山荒坡,增加森林覆盖面积,从根本上防御或减少自然灾害的发生,保持良好的农业生态环境。

6.6　建立气象基层组织

建立、完善气象基层组织的目的是掌握好天气变化规律,搞好科学种田。农作物每一个生育期都与气象条件有直接的关系,为趋利避害,不误农时,就要加强气象科学研究,做好灾害性天气监测和预报(发挥微机工作站的作用);同时,要普及掌握气象科学知识,大力发展和恢复农村气象网点,乡(镇)建立气象站,行政村建立气象组,监视天气演变,及时提供指挥农业生产的决策措施。

小知识:

下一场雨地里有多少水？1 mm 的雨量,表示在没有蒸发、流失、渗透的平面上,积累了 1 mm 深的水。如果按 1 亩地的面积计算,就等于往 1 亩地里灌溉了 0.667 m^3 的水。1 m^3 水重 1 000 kg,所以降雨量 1 mm,等于往 1 亩地里灌溉了 667 kg 水。在干旱地区或干旱季节里,下了一场雨之后,人们都很关心雨是否下透了,雨水可以湿润多深的土层？这要看降雨性质、地势、土壤种类及土壤原来的干湿程度。如果是连续降雨,雨下得平稳,容易被土壤充分吸收和保持;如果是阵性降雨,雨下得急,雨水来不及被土壤吸收,就从地面流走了。一般说来,在沙壤土上,降雨 3～4 mm,可以湿透土层一指左右,而比较黏重、不易渗水的土壤,湿透一指,则需要降雨 4～5 mm。